国家级高技能人才培训基地建设项目

微生物发酵技术

实训手册

谭珍珍　主编

U0308548

中国农业出版社

北　京

编 写 人 员

主　编　谭珍珍

副主编　王菊甜　刘晓蕾

编　者（以姓氏笔画为序）

　　　　王菊甜　邢宏梅　师　静　刘晓蕾

　　　　米　良　张艳丽　谭珍珍

前　言

　　"微生物发酵技术"是依据生物制药专业人才培养目标和相关职业岗位群的能力要求而设置的一门专业核心课程，对本专业所面向的岗位群所需要的知识、技能和素质目标的达成起支撑作用，是在学习了"生物化学""微生物学基础"等课程的基础上开设的一门理实一体课程。因此，本教材以行动为导向、以能力为本位，遵循"职业行动获得知识"的心理规律和职业教育规律，根据岗位能力要求和职业资格标准，以培养岗位综合能力为核心进行编写。

　　本教材力图从当前职业教育及行业企业生产要求出发，结合教学实际情况，积极探索项目课程、工学结合等人才培养模式改革，进一步完善以能力为主线的实践教学体系，规范教师的实践教学环节，为学生掌握职业岗位技能提供指导，为教师对学生进行技能考核提供依据。本教材是在对岗位工作内容、工作过程、工作环境、绩效评价等进行分析评价凝练的基础上，深度加工而成。强调理论与实践相结合、课堂内与课堂外相结合、职业技能与职业素质培养相结合、上岗就业和可持续发展相结合。使学生获得知识的过程始终与工作过程相对应，突出教材的职业性、实践性和开放性。培养学生具备微生物发酵岗位所需的基本职业素养、操作技能与技术应用能力。

　　根据生物制药企业的实际需要，结合生物制药专业教学计划和教学大纲的要求，本教材以校企合作食用菌生产实训基地为依托，以药用菌灵芝为载体，开展系列实训，共分为3个实训内容：实训一、器皿包扎消毒与灭菌，实训二、灵芝菌种制备，实训三、灵芝种子扩大培养，其中实训二、实训三又细化为若干子实训，使学生掌握试管培养基、摇瓶培养基、种子罐培养基的配制及无菌接种、种子罐使用、染菌控制、设备维护等相关职业技能。

　　本教材由宁夏生物工程技工学校（宁夏回族自治区农业学校）组织编写，由谭珍珍任主编，王菊甜、刘晓蕾任副主编，邢宏梅、师静、米良、张艳丽参与编写。

　　由于时间仓促，加之编者水平有限，书中难免有不妥之处，敬请广大读者批评指正。

编　者

2021 年 12 月

目　录

微生物发酵实训室制度

微生物发酵技术实训课是生物技术制药及相关专业学生学习和理解微生物发酵技术的基本知识和基础理论、锻炼和掌握微生物学基本操作技能的重要教学环节。为了圆满完成实训课的教学任务，实现教学目的，进入微生物发酵实训室从事相关实训的学生及研究人员均应谨记如下实训室规则及注意事项。

1. 实训室登记

实训课前登记签到，若有失约应事先请假。

2. 实训室着装

进入实训室应着干净整洁的实训服，长发者应将头发束于脑后或实训帽内，实训操作人员勿穿高跟鞋，严禁着拖鞋进入实训室。

3. 实训室课堂纪律

遵守课堂纪律，维护课堂秩序。不迟到早退。提倡独立思考，合作研究，勿喧哗，忌闲聊。实训室内禁止饮食和吸烟。衣物、书包和其他杂物应放置在远离实训台的位置。

4. 实训前准备

实训前应预习实训内容，了解实训目的、原理和方法，熟悉实训室环境。

5. 实训室安全

严格执行实训室各项规章制度，养成良好的实训习惯。实训室药品和试剂均应标签完整。实训前后须对个人和操作环境进行消毒处理，有条件的应在无菌室中、超净工作台上、酒精灯前进行无菌操作。对于实训室的仪器设备谨记"不懂不动"的原则，应在掌握实训仪器设备的性能和使用方法前提下规范使用（养成事先阅读说明书的好习惯）。使用压力容器（如高压灭菌锅等）时，须熟悉操作要求，时刻注意观察压力表，控制在规定压力范围内，以免发生危险。注意安全用电，电气设备使用前应检查有无绝缘损坏、接触不良或地线接地不良，故障电器应及时标记，并尽快上报维修。实训室应保持良好的通风条件，时刻注意实训室中水、火、电、气等方面的使用规范和安全要求。实训室必须配备消防器材，实训人员要熟悉其使用方法。

6. 实训室环境卫生

实训中产生的废液、废物应集中处理，不得任意排放（严禁弃物于洗涤槽内）。所有废弃的微生物培养物以及被污染的玻璃器皿及阳性的检验标本，均应先消毒灭菌处理（消毒水泡过夜，煮沸或高压蒸汽灭菌消毒灭菌等）后再清洗处置，有毒易污染的实训废液应倒入专门的废液回收器内。实训器具用完后应及时清洁并归位原处，玻璃器皿等容器应洗净倒置，摆放于固定位置。

7. 实训课组织

分组实训应该安排实训组长，组织实训活动，收发实训报告，进行教学沟通，安排值日。值日生负责监督各实训台的卫生，打扫并保持实训室环境卫生，倾倒垃圾，离开实训室前检查水、火、电、气及门窗等方面安全。

实训一　器皿包扎消毒与灭菌

一、实训目的

1. 了解棉塞制作方法，移液管和培养皿的包扎方法。

2. 了解干热灭菌、紫外线灭菌、微孔滤膜过滤除菌和高压蒸汽灭菌的原理和应用范围。

3. 掌握高压蒸汽灭菌的操作技术。

【实训重点】掌握高压蒸汽灭菌的操作技术。

【实训难点】棉塞制作，移液管和培养皿的包扎

二、实训原理

1. 实训室中使用的玻璃器皿简介

微生物学实训所用的玻璃器皿，大多要进行消毒、灭菌才能用来培养微生物，因此对其质量、洗涤和包装方法均有一定的要求。玻璃器皿的质量一般要求硬质玻璃，能承受高温和短暂灼烧而不致破坏；玻璃器皿的游离碱含量要少，否则会影响培养基的酸碱度；对玻璃器皿的形状和包装方法的要求，以能防止杂菌污染为准；洗涤玻璃器皿的方法不当也会影响实训的结果。目前微生物学实训室中，有些玻璃器皿（如培养皿、吸管等）已被一次性塑料制品所代替，但玻璃器皿仍是重要的实训室用具。

2. 灭菌的常用方法和基本原理

实训室常用的灭菌方法有干热灭菌法、紫外线灭菌法、微孔滤膜过滤除菌法和高压蒸汽灭菌法等。

（1）干热灭菌是用电热干燥箱（图1-1）加热，利用高温使微生物细胞

内的酶、蛋白质凝固变性而达到灭菌的目的。

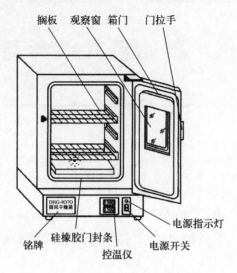

图 1-1　电热干燥箱的外观和结构

（2）紫外线灭菌机制主要是因为它诱导了胸腺嘧啶二聚体的形成和 DNA 链的交联，从而抑制了 DNA 的复制。

（3）微孔过滤除菌（图 1-2、图 1-3）是通过机械作用滤去液体或气体中细菌、真菌孢子等的方法。

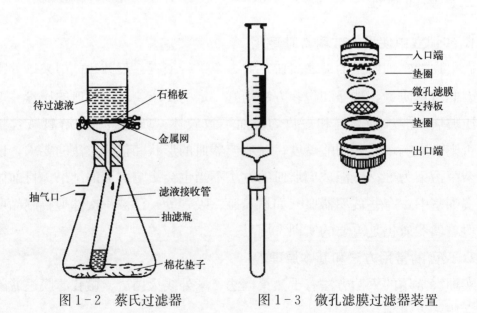

图 1-2　蔡氏过滤器　　　　图 1-3　微孔滤膜过滤器装置

（4）高压蒸汽灭菌也是使蛋白质变性而灭菌，高压蒸汽灭菌锅（图 1-

4、图 1-5、图 1-6）灭菌时是将待灭菌的物品放在一个密闭的加压灭菌锅内，通过加热，使灭菌锅隔套间的水沸腾而产生蒸汽，待锅内冷空气从排气阀排尽后，然后关闭排气阀，继续加热，此时由于蒸汽不能溢出，而增加了灭菌器内的压力，从而使沸点增高，得到高温高压的环境，使锅内菌体蛋白质凝固变性而达到灭菌的目的。

图 1-4　高压蒸汽灭菌锅

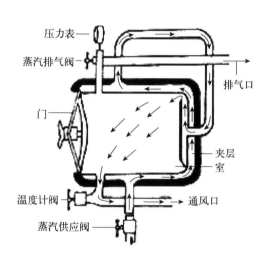

图 1-5　卧式灭菌锅

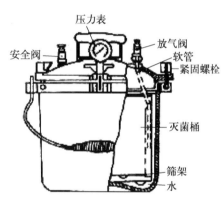

图 1-6　手提式灭菌锅

干热灭菌与高压蒸汽灭菌的灭菌效果与所灭物品的蛋白质含水量有很大的关系（表 1-1）。就效果而言，湿热灭菌效果要比干热灭菌效果好（表 1-2）。

表 1-1　蛋白质含水量与凝固所需温度的关系

卵白蛋白含水量/%	30 min 内凝固所需温度/℃
50	56
25	74～80
18	80～90
6	145

在使用高压蒸汽灭菌锅灭菌时，灭菌锅内冷空气是否完全排除极为重要（表1-3），因为空气的膨胀压大于水蒸气的膨胀压，所以，当水蒸气中含有空气时，在同一压力下，含空气蒸汽的温度低于饱和蒸汽的温度。

表1-2　干热、湿热穿透力及灭菌效果比较

温度/℃	时间/h	透过布层的温度/℃			灭菌
		10层	20层	100层	
干热 130～140	4	86	72	70.5	不完全
湿热 105.3	3	101	101	101	完全

表1-3　灭菌锅内留有不同分量空气时压力与温度的关系

压力数 /MPa	全部空气排出 时的温度/℃	2/3空气排出 时的温度/℃	1/2空气排出 时的温度/℃	1/3空气排出 时的温度/℃	空气没有排出 时的温度/℃
0.03	108.8	100	94	90	72
0.07	115.6	109	105	100	90
0.10	121.3	115	112	109	100
0.14	126.2	121	118	115	109
0.17	130.0	126	124	121	115
0.21	134.6	130	128	126	121

延伸阅读

一、紫外线灭菌法

紫外线灭菌是用紫外线灯进行的，波长为200～300 nm的紫外线都有杀菌能力，其中以260 nm波长的紫外线杀菌力最强。在波长一定的条件下，紫外线的杀菌效率与强度和时间的乘积成正比。紫外线杀菌机制主要是因为它诱导了胸腺嘧啶二聚体的形成，从而抑制了DNA的复制。紫外线穿透力不大，所以，只适用于无菌室、接种箱、手术室内的空气及物体表面的灭菌。紫外线灯距照射物以不超过1.2 m为宜。

此外，为了加强紫外线灭菌效果，在打开紫外线灯前，可在无菌室内

（或接种箱内）喷洒3％～5％的苯酚溶液，一方面使空气中附着有微生物的尘埃降落，另一方面也可以杀死一部分细菌。无菌室内的桌面、凳子可用2％～3％的来苏儿擦洗，然后再开紫外线灯照射，可增强杀菌效果，达到灭菌目的。

二、化学试剂灭菌法

大多数化学试剂在低浓度下起抑菌作用，高浓度下起杀菌作用，常用如5％苯酚溶液、酒精和乙二醇等。化学灭菌剂必须有挥发性，以便清除灭菌后材料上残余的化学试剂。

化学灭菌常用的试剂有表面消毒剂、抗代谢药物（磺胺类等）、抗生素、生物制剂。抗生素是一类由微生物或其他生物生命活动过程中合成的次生代谢产物或人工衍生物，它们在很低浓度时就能抑制或感染其他生物（包括病原菌、病毒、癌细胞等）的生命活动，因而可用做优良的化学治疗剂。

三、气体灭菌法

气体灭菌法，是利用环氧乙烷或甲醛灭杀微生物的一种方法。本办法主要用于玻璃制品、瓷制品、金属制品、橡胶制品、塑料制品、纤维制品等，还可用于设施、设备或粉末状的医药品等，使用气体灭菌时，其被灭菌的物品以未变质为前提条件。

四、药液灭菌法

药液灭菌法，是用药液杀灭微生物的方法。本办法主要用于玻璃制品、瓷制品、金属制品、橡胶制品、塑料制品、纤维制品等物品的灭菌，还可用于手指、无菌箱或无菌设备等的消毒，药液灭菌用于未变质的物品。通常使用的有酒精、甲酚、苯酚或福尔马林等。

三、实训材料

1. 各种玻璃器皿、试管刷、洗涤剂、培养皿、移液管、牛皮纸或报纸等。
2. 棉花、纱布、线绳、三角瓶和试管等。
3. 高压蒸汽灭菌锅。

四、实训内容

(一) 棉塞制作

将一块 10 cm×10 cm 的纱布放在试管口正中央的位置，然后用手或玻璃棒将棉花塞入纱布中，裹有棉花的纱布塞入试管中 2 cm 的长度，压紧压实，再用绳子扎紧棉塞顶端的纱布，最后剪掉多余纱布，棉塞制作完毕，三角瓶棉塞制作方法同理（图 1-7）。

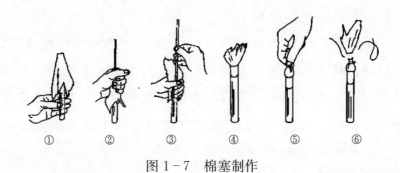

① ② ③ ④ ⑤ ⑥

图 1-7　棉塞制作

(二) 移液管和培养皿的包扎

1. 移液管的包扎

将牛皮纸或报纸裁剪成约 5 cm 宽的长条，平铺在桌面上，移液管口用棉花塞住，依照步骤①～⑧将移液管包扎在牛皮纸或报纸中（图 1-8）。

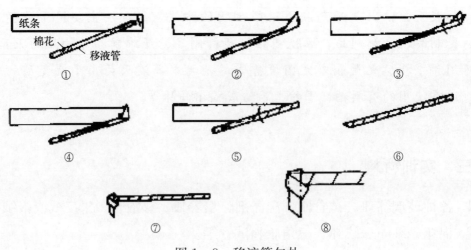

纸条
棉花
移液管

① ② ③

④ ⑤ ⑥

⑦ ⑧

图 1-8　移液管包扎

2. 培养皿的包扎

培养皿洗净晾干，5～10个一摞顺次叠放整齐，其中第一个和最后一个皿盖均放置在最外侧。然后如图1-9所示用报纸或牛皮纸包裹紧实。

图1-9　培养皿包扎

（三）高压蒸汽灭菌锅的操作

1. 加水

将内层锅取出，再向外层锅内加入适量的水，以水面与三角搁架相平为宜。

2. 装料

放回内层锅，并装入待灭菌物品。

3. 加盖

盖上盖，并将盖上的排气软管插入内层锅的排气槽内。再以两两对称的方式同时旋紧相对的两个螺栓。

4. 排气

通电加热，待冷空气完全排尽后，关上排气阀。

5. 升压

将压力升至0.105 MPa。

6. 保压

当锅内压力升到所需压力时，控制电源，维持压力至所需时间。本实训用0.105 MPa，121 ℃，20 min 灭菌。

7. 降压

灭菌所需的时间到后，关闭电源，让灭菌锅内温度自然下降，当压力表降至"0"时，打开排气阀，旋松螺栓，打开盖子，取出灭菌物品。

8. 无菌检查

将取出的灭菌培养基放入 37 ℃温箱培养 24 h，经检查若无杂菌生长，即可待用。

注意事项

1. 切勿忘记加水，同时加水量不可过少，以防高压蒸汽灭菌锅烧干而引起炸裂事故。

2. 压力一定要降到"0"时，才能打开排气阀，开盖取物。否则会因锅内压力突然下降，使容器内的培养基由于内外压力不平衡而冲出烧瓶口或试管口，造成棉塞沾染培养基而发生污染，甚至灼伤操作者。

课堂任务

学生分成若干 5 人小组，每人制作试管塞 1 个、250 mL 三角瓶塞 1 个，练习包扎移液管 1 根，包扎玻璃培养皿 1 组，使用高压蒸汽灭菌锅灭菌。并填写互评打分表。

互评打分表

班级：　　　　　　　　评分人：

姓名	①试管塞能塞入试管中 2 cm 的长度，且紧实致密	②三角瓶塞能塞入三角瓶中 3 cm 左右的长度，且紧实致密	③移液管包裹严密，包扎紧实	④培养皿包裹严密，包扎紧实	⑤高压蒸汽灭菌锅使用操作规范	总分

注：每一步操作完全正确 2 分，部分正确 1 分，错误 0 分。

课后任务

实训总结与分析

五、实训评价

教师评价	

分数：_____

六、思考题

1. 为什么干热灭菌比湿热灭菌所需要的温度高、时间长？请设计干热灭菌和湿热灭菌效果比较的实训方案。

2. 高压蒸汽灭菌开始之前，为什么要将锅内冷空气排尽？灭菌完成之后，为什么待锅内压力降至"0"时，才能打开排气阀开盖取物？

3. 你知道紫外线灯管是用什么玻璃制作的？为什么不用普通玻璃？

实训二　灵芝菌种制备

子实训一　灵芝母种培养基配制

一、实训目的

【知识目标】1. 掌握培养基的制备方法。

　　　　　　2. 了解培养基的种类。

【能力目标】学会 PDA 培养基的制备技术。

【素质目标】1. 培养学生严谨细致、认真负责的工作态度以及自主学习、思考的能力。

　　　　　　2. 培养学生热爱劳动的生活态度。

　　　　　　3. 培养学生规范操作意识和能力。

【实训重点】掌握 PDA 培养基的制备技术。

【实训难点】分装试管。

二、实训原理

培养基是供微生物生长、繁殖和代谢的，由不同营养物质组合配制而成的营养基质，需要适宜的 pH、一定的缓冲能力及合适的渗透压。一般都含有糖类、含氮物质、无机盐、维生素和水等几大类物质。根据培养需求，有些培养基还需要添加凝固剂，实训室常用的凝固剂是琼脂，即从石花菜等海藻中提取的多糖，是应用最广泛的凝固剂，96～100 ℃熔化，46 ℃以下凝固。培养基经灭菌后方可使用。

1. 培养基分类

（1）按照组成分。

① 合成培养基：由各种纯化学物质按一定比例配制而成。

② 半合成培养基：由一部分纯化学物质和另一部分天然物质配制而成。

③ 天然培养基：利用天然来源的有机物配制而成。

（2）按照用途分。

① 基础培养基：能满足各种微生物的营养需求的培养基。

② 选择培养基：加入某种物质抑制其他微生物生长，使目标微生物得到富集，便于分离的培养基。

③ 鉴别培养基：用来检测微生物的某些代谢特性。在培养基中加入某种试剂或化学药品，使难以区分的微生物经培养后呈现出明显差别，因而有助于快速鉴别某种微生物。例如，常用的麦康凯培养基，它含有胆盐、乳糖和中性红，胆盐具有抑制肠道菌以外的细菌的作用（选择性），乳糖和中性红（指示剂）能帮助区别乳糖发酵肠道菌（如大肠杆菌）和不能发酵乳糖的肠道致病菌（如沙门菌和志贺菌）。

（3）按照培养基的物理状态分。

① 液体培养基：不加凝固剂的呈液体状态的培养基。

② 固体培养基：在液体培养基中加入2%左右的凝固剂的呈固体状态的培养基。

③ 半固体培养基：在液体培养基中加入0.2%～0.5%凝固剂呈半固体状培养基。

延伸阅读

一、牛肉膏蛋白胨培养基

牛肉膏蛋白胨培养基是一种应用最广泛和最普通的细菌基本培养基，有时又称普通培养基，其中牛肉膏为微生物提供碳源、磷酸盐和维生素，蛋白胨主要提供氮源和维生素，而NaCl提供无机盐。

牛肉膏蛋白胨培养基配方为：

牛肉膏   3 g

蛋白胨   10 g

NaCl   5 g

琼脂	15～25 g
蒸馏水	1 000 mL
pH	7.4～7.6

二、高氏1号培养基

高氏1号培养基是用来培养和观察放线菌形态特征的合成培养基。加入适量的抗菌药物，可用来分离各种放线菌。

高氏1号培养基配方为：

可溶性淀粉	20 g
KNO_3	1 g
K_2HPO_4	0.5 g
$MgSO_4 \cdot 7H_2O$	0.5 g
NaCl	0.5 g
$FeSO_4 \cdot 7H_2O$	0.01 g（可用母液）
琼脂	20 g
蒸馏水	1 000 mL
pH	7.4～7.6

三、孟加拉红培养基

孟加拉红培养基是一种真菌培养基，又称虎红培养基。

孟加拉红培养基配方为：

蛋白胨	5 g
葡萄糖	10 g
KH_2PO_4	1 g
$MgSO_4 \cdot 7H_2O$	0.5 g
琼脂	20 g
1/3 000 孟加拉红溶液	100 mL
蒸馏水	1 000 mL
氯霉素	0.1 g

? 思考 配制的灵芝母种培养基为 PDA 培养基（马铃薯葡萄糖琼脂培养基），

其配方为：马铃薯（去皮）200 g，葡萄糖 20 g，琼脂粉 20 g，水 1 000 mL。按培养基组成成分、用途、物理状态分类，该培养基分别属于哪种类型？

三、实训材料

1. 培养基配方

马铃薯（去皮）200 g，葡萄糖 20 g，琼脂粉 20 g，水 1 000 mL。

2. 仪器和其他用品

天平、试管、量筒、烧杯、玻璃棒、药匙、称量纸、棉花塞、报纸、皮筋、标签、高压蒸汽灭菌锅、电磁炉、锅等。

四、实训内容

1. 切马铃薯

先将马铃薯洗净，去皮，挖掉芽眼，称取 200 g，切成 1 cm³ 的小块或 2 mm 左右的薄片。

2. 熬煮马铃薯

将切好的马铃薯块（片）放入锅内，加水 1 000 mL，放在电磁炉上煮沸后维持 15～20 min，至马铃薯熟而不烂。

3. 过滤马铃薯汁

用 8 层湿纱布（纱布需浸水后拧干）过滤，由于马铃薯在煮沸过程中，有部分水被蒸发掉，所以过滤后的马铃薯汁，应加水补足水至 1 000 mL。

4. 溶解试剂

将称好的琼脂加入马铃薯汁中，在电磁炉上用文火煮，直至琼脂完全熔化（边煮边搅拌），再次用 8 层湿纱布（纱布需用热水浸湿后拧干）过滤。最后加入葡萄糖搅拌均匀。

5. 调节 pH

培养基的 pH 是影响菌丝生长的重要因素，因此培养基配好后应根据菌种对 pH 的要求进行调节。PDA 培养基配好后，pH 一般为中性，所以不必调节。如培养基低于所要求的 pH 时，应向培养基中滴加 1 mol/L 的 NaOH 溶液；若培养基高于所要求的 pH，应滴加 1 mol/L 的 HCl 溶液进行调节。边滴，边搅拌，边用精密 pH 试纸或 pH 计测定，直至合适为止。应该注意的是培养基 pH 在灭菌前不宜调至 6.0 以下，否则灭菌后培养基不凝固。有些菌类的培养基要求 pH 在 6.0 以下的，要待灭菌后在无菌条件下滴加盐酸或乳酸等进行调节。

6. 定容

补水至 1 000 mL。

7. 分装试管

培养基配好后应趁热用分装漏斗进行分装，装入试管高度的 1/5～1/4，分装时应注意不得使培养基粘到试管壁上，以防污染杂菌（图 2-1）。

8. 塞棉花塞

培养基分装完以后应立即塞上大小合适的棉花塞，塞棉花塞时应轻轻旋紧至捏住棉花塞上边缘提起试管，试管不掉落为宜。不能硬塞或塞的太紧，防止灭菌过程中试管内不通气，蒸汽压过大而导致塞子弹出掉落。

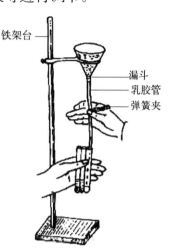

图 2-1　分装器

9. 捆扎试管

将塞好棉花塞的试管 7 支扎成一捆，在外面包一层防潮纸或牛皮纸，再用皮筋扎紧。

10. 灭菌

将上述培养基以 0.105 MPa，121 ℃，20 min 高压蒸汽灭菌。

11. 摆斜面

灭菌结束后不要着急打开灭菌锅锅盖，当灭菌锅内温度自然冷却到 80 ℃ 以下时再打开，取出试管，将试管一端倾斜搁在玻璃棒或其他合适高度的器具上，搁置的斜面长度约占试管长度的 1/2～2/3（图 2-2）。

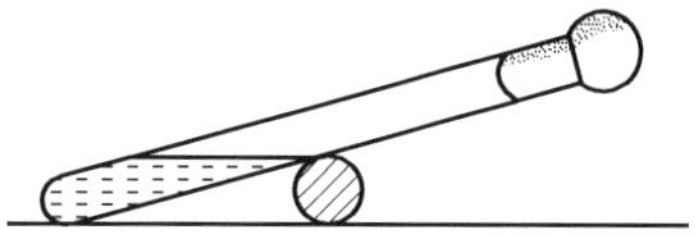

图 2-2　斜面的放置示意

12. 无菌检查

将灭菌培养基于 37 ℃，培养 24～48 h，以检查灭菌是否彻底。

注意事项

1. 称药品时严防药品混杂，一把牛角匙用于一种药品，或称取一种药品后，洗净，擦干，再称取另一药品。

2. 在琼脂熔化过程中，应控制火力，以免培养基因沸腾而溢出容器。配置培养基时，不可用铜或铁锅加热熔化，以免离子进入培养基中，影响细菌生长。

3. 分装过程中，注意不要使培养基沾在管（瓶）口上，以免沾污硅胶塞而引起污染。如果培养基不慎沾到瓶口，应采用干净的纱布将瓶口擦拭干净，再旋紧硅胶塞。

课堂任务

以小组为单位，每组配制培养基 1 000 mL，每位同学至少分装制作 7 支（1 捆）试管，并灭菌、摆斜面。小组成员互相检查制作过程及结果是否规范，并填写互评打分表。

互评打分表

班级：　　　　　　　　评分人：

姓名	①称量准确、无撒漏	②切马铃薯片薄厚均匀，厚度 2～3 mm	③过滤、溶解操作规范	④装液高度在试管长度的 1/4～1/5	⑤操作娴熟，试管口无培养基	⑥棉花塞塞紧	⑦试管轻拿轻放，无倒置现象	⑧每 7 个试管扎成一捆，并包扎好	⑨放入灭菌锅灭菌	⑩斜面摆放平稳，无培养基黏在试管口	总分

注：每一步操作完全正确 2 分，部分正确 1 分，错误 0 分。

课后任务

实训总结与分析

五、实训评价

教师评价	
	分数：＿＿＿＿＿

六、思考题

1. 培养基配好后，为什么必须立即灭菌？如何检查灭菌后的培养基是否是无菌的？

2. 在配置 PDA 培养基的操作过程中应注意什么问题，为什么？

子实训二　灵芝母种活化

一、实训目的

【知识目标】1. 掌握微生物的斜面接种技术。

　　　　　　2. 掌握无菌操作的基本方法。

【能力目标】通过灵芝母种活化实训锻炼学生无菌操作技能。

【素质目标】1. 培养学生严谨细致、认真负责的工作态度以及自主学习、团结协作的能力。

　　　　　　2. 培养学生热爱劳动的生活态度。

　　　　　　3. 培养学生规范操作意识，综合分析问题的素质和能力。

【实训重点】学习斜面接种技术。

【实训难点】掌握无菌操作的基本方法。

二、实训原理

母种是指从大自然首次分离得到的纯菌丝体，多通过孢子分离法、组织分离法和菇木分离法获得纯菌丝体。因其在试管里培养而成，并且是菌种生产的第一步骤，因此又被称为试管种或一级种。母种活化多采用斜面接种法：把各种培养条件下的菌种，接入斜面上（包括从试管斜面、培养基平板、液体纯培养物等中把菌种移接于斜面培养基上）。这是微生物学中最常用、最基本的技术之一。接种前，须在待接种试管上贴好标签，注明菌名及接种日期。

纯菌丝体在试管斜面上再次扩大繁殖后，形成再生母种。它既可以繁殖原种，又适于菌种保藏。母种活化是指将保藏状态的菌种放入适宜的培养基中培养，逐级扩大培养得到纯而壮的培养物，即获得活力旺盛的、接种数量足够的培养物。菌种发酵一般需要2～3代的复壮过程，因为保存时的条件往往和培养时的条件不相同，所以要活化，让菌种逐渐适应培养环境。整个操作过程中，须在无菌环境条件下，严格按照无菌操作要求，进行母种菌的转接、培养与扩繁。

无菌操作四大要素

一、接种环境的无菌

接种室干净整洁，提前用紫外线及臭氧机消毒杀菌，并用来苏儿或新洁尔灭擦拭桌面（图2-3）。

二、接种者的无菌

接种前洗手并穿戴无菌接种服、接种帽、口罩，穿过风淋通道后进入无菌接种室（图2-4）。

图2-3　环境无菌

图2-4　接种者无菌

三、接种材料的无菌

灭过菌的待接种培养基、接种工具等放置在超净工作台内紫外消毒30 min杀菌（图2-5）。

四、接种过程的无菌

接种操作中的每一个环节都必须在酒精灯火焰周围5 cm范围内进行（图2-6）。

图2-5　接种材料无菌

图2-6　接种过程无菌

三、实训材料

1. 菌种

保藏灵芝试管母种。

2. 仪器及其他设备

超净工作台、酒精棉瓶、酒精喷壶、长柄镊子、接种工具（钩、铲等）、灭过菌的试管斜面培养基、酒精灯、打火机、废液盘、标签纸等。

四、实训内容

（一）紫外线杀菌

接种前，把待接试管斜面培养基（已灭菌）、接种工具、酒精棉瓶、镊子、酒精灯、打火机、废液盘、标签纸等用到的所有用具、物件均放入超净工作台内，打开紫外灯照射 30 min 以上，灭菌结束后，关闭紫外灯，打开照明灯，打开风机，开始准备接种。

（二）接种操作

1. 手及接种材料的消毒

接种材料即试管母种提前 24 h 从冰箱中取出活化。采用七步洗手法清洗双手，用酒精对手进行消毒，然后戴上一次性无菌手套，取出试管母种用酒精对试管母种进行消毒，消好毒后将试管母种迅速放入超净工作台内。

2. 接种材料的二次消毒

在超净工作台内用酒精棉对手进行二次消毒，并用酒精棉擦拭接种工具、工作台面。

3. 灼烧接种钩

点燃酒精灯，用酒精灯外焰灼烧接种钩，先将接种钩前端灼烧至微微发红，然后整个接种钩过火灼烧杀菌（图 2-7）。烧好后放置在一旁冷却，备用。

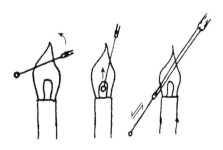

图 2-7　灼烧接种钩

4. 接种

取出试管母种，在酒精灯火焰旁 5 cm 范围内拧开硅胶塞（图 2-8），用接种钩划去培养基尖端菌丝，然后将待接种区域划成小长条，取待接种的试管培养基，与试管母种并在一起，拧开棉塞，用接种钩在母种中挑取 1 mm×1 mm 的菌丝块，迅速接入待接种培养基中，硅胶塞及试管口过火，拧紧硅胶塞（图 2-8）。一支试管就接种好后，放置在一旁，再取一根试管培养基与母种并在一起，继续接种。接种完毕后原始母种试管口及棉塞过火，拧紧，接种钩在火焰上灼烧灭菌，放回原处，接种结束，熄灭酒精灯，并清理台面。

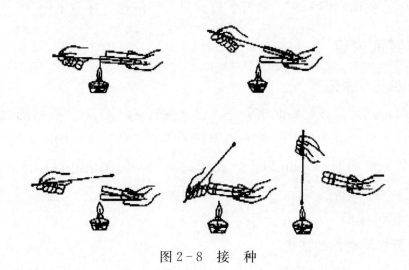

图 2-8 接 种

5. 贴标签

取标签纸，在标签纸上分两行写上品种名称、接种日期及接种者姓名，然后将标签纸粘贴在距离试管口 3 cm 处。

（三）菌丝培养

接种后将试管置于 25 ℃恒温箱中培养，2～3 d 后可见接种的小菌块周围产生白色绒毛状菌丝，此时每天要检查杂菌污染情况，及时去除受杂菌感染的试管，培养 5～7 d 后，菌丝可长满斜面。菌丝生长至距斜面低端 1 cm 左右时及时放入 4 ℃冰箱保存。

课堂任务

1. 每位同学接种母种培养基 7 支，并检查计算接种成功率。

$$接种成功率 = \frac{1-污染试管培养基数}{接种试管培养基总数} \times 100\%$$

姓名	接种试管培养基总数	污染试管培养基数	接种成功率

2. 如有感染，判断杂菌类型并分析染菌原因。

3. 小组成员之间互相检查实训操作是否规范，并填写互评打分表。

互评打分表

班级：　　　　　　　评分人：

姓名	①紫外线杀菌	②手、接种材料的消毒	③接种材料的二次消毒	④灼烧接种钩	⑤母种试管口在火焰上灼烧杀菌	⑥划去母种前端菌丝	⑦酒精灯火焰旁5 cm范围内完成接种操作	⑧接种完毕将试管口及棉塞过火并塞紧	⑨熄灭酒精灯并清理台面	⑩贴标签	总分

注：每一步操作完全正确2分，部分正确1分，错误0分。

课后任务

实训总结与分析

五、实训评价

教师评价	
	分数：_____

六、思考题

1. 实训中为什么要反复消毒？

2. 实训中造成染菌的原因主要有哪些？实际操作用我们如何避免这些问题的发生？

3. 为什么接种完毕后，接种钩必须灼烧后再放回原处？

实训三　灵芝种子扩大培养

子实训一　灵芝摇瓶培养基配制

一、实训目的

【知识目标】 1. 了解摇瓶培养的目的。

2. 掌握摇瓶培养基的制备方法。

3. 掌握摇瓶培养基制备的关键技术。

【能力目标】 会按照规范操作制备合格的摇瓶液体培养基。

【素质目标】 1. 培养学生严谨细致、认真负责的工作态度及自主学习、团结协作能力。

2. 培养学生规范操作意识，综合分析问题的素质和能力。

3. 培养学生职业岗位意识。

4. 培养学生热爱劳动的生活态度。

【思政目标】 激发学生科技强国、回报社会的使命和担当。

【实训重点】 摇瓶培养基制备的关键技术和注意事项。

【实训难点】 摇瓶培养基的封口操作。

二、实训原理

液体培养法常见的有采用摇床来生产的摇瓶培养法和采用发酵罐来生产的深层培养法。若少量生产，可以用摇瓶培养法。深层培养需要一整套工业发酵设备，如锅炉、空气压缩机、空气净化系统、发酵罐等，投资大，只适用于工厂化的大规模生产。而摇瓶培养投资少，设备技术简单，适合一般菌种厂生产使用，或大规模工厂化企业用于种子扩大培养。本实训主要介绍摇瓶培养的技术方法。

本实训使用的灵芝摇瓶培养基为加富 PDA 培养基，加富 PDA 培养基是一种应用较为广泛和最普通的食用菌制种培养基，这种培养基中含有一般食用菌生长繁殖所需要的最基本的营养物质，可供作繁殖之用，除此之外还添加了磷酸二氢钾、硫酸镁作为缓冲剂，因为在菌丝生长发育过程中会产生代谢产物进而影响培养基 pH，加入缓冲剂后可维持培养基中 pH 的稳定，利于菌丝生长。

延伸阅读

培养基的营养成分

根据培养基中组成的不同，可分为天然培养基和合成培养基。天然培养基的组成均为天然有机物；合成培养基则是采用一些各种化学物质按一定比例配制而成。在生产上，还根据工艺将培养基分为孢子培养基、种子培养基及发酵培养基。但无论如何划分，每一种培养基的组成中都离不开碳、氮、无机盐、微量元素、维生素和生长素等。

一、碳、氮比

碳、氮比指碳源及氮源在培养基中的含量比。构成菌丝细胞的碳、氮比通常为 (8~12)：1。由于菌丝生长过程中，一般需 50% 的碳源作为能量供给菌丝呼吸，另外 50% 的碳源组成菌体细胞。因此，培养基中理想碳、氮比的理论值为 (16~24)：1。在液体培养中以菌丝增殖为目的的培养，通常碳、氮比以 20：1 为宜。

虽然液体培养一般要求较高的碳、氮比，但许多菌种也能在较宽的碳、氮比范围内生长。不同的菌种所要求的碳、氮比可通过实验求得。

二、无机盐与微量元素

许多无机盐及微量元素对菌种的生理过程的影响与其浓度有关。不同的菌种，对无机盐及微量元素要求的最适浓度也不同。

1. 磷

磷是细胞中核酸、核蛋白等重要物质的组成部分，又是许多辅酶（或辅基）高能磷酸键的组成部分。磷是食用菌液体发酵不可缺少的物质，常加入磷酸二氢钾以提供磷，加入量为 0.1%～0.15%。

2. 镁

镁在细胞中起着稳定核蛋白、细胞膜和核酸的作用，而且是一些重要酶的活化剂，是液体培养中不可缺少的营养成分。一般通过加入硫酸镁以提供镁，浓度通常是 0.05%～0.075%。

3. 钾、钙、钠

钾不参与细胞结构物质的构成，但控制原生质的胶态和细胞膜的透性。钙离子与细胞透性有关。钠离子能维持细胞渗透压，钠离子可以部分代替钾离子的作用。3 种物质需求量甚微，若采用天然培养基，可不必另加。

4. 硫、铁

硫是菌体细胞蛋白质的组成部分（胱氨酸、半胱氨酸及蛋氨酸中皆含硫）。铁是细胞色素、细胞色素氧化酶和过氧化氢酶的组成部分，亦是菌体有氧代谢中不可缺少的元素。

5. 锌、锰、钴、铜

锌、锰、钴等离子是某些酶的辅基或激活剂。铜是多元酚氧化酶的活性基。

三、维生素

维生素在细胞中作为辅酶的成分，具有催化功能。大多数菌类的培养都与 B 族维生素有关，维生素 B_1 是目前已知对绝大多数菌类生长有利的维生素。其适宜浓度为 50～1 000 μg/L。

三、实训材料

1. 培养基配方

马铃薯（去皮）200 g，葡萄糖 10 g，蔗糖 10 g，磷酸二氢钾 2 g，硫酸镁 1 g，水 1 000 mL。

2. 仪器及其他设备

250 mL 三角烧瓶、电子天平、量筒、小烧杯、玻璃棒、药匙、称量纸、棉花塞、报纸、线绳、标签、高压蒸汽灭菌锅、电磁炉、锅等。

四、实训内容

1. 切马铃薯

先将马铃薯洗净，去皮，挖掉芽眼，称取 200 g，切成 1 cm^3 的小块或 2 mm 左右的薄片。

2. 熬煮马铃薯

将切好的马铃薯块（片）放入锅内，加水 1 000 mL，放在电磁炉上煮沸后维持 15～20 min，至马铃薯熟而不烂。

3. 过滤马铃薯汁

用 8 层湿纱布（纱布需浸水后拧干）过滤，由于马铃薯在煮沸过程中，有部分水被蒸发掉，所以过滤后的马铃薯汁，应加水补足水分至 1 000 mL。

4. 溶解试剂

按培养基配方依次称取适量葡萄糖、蔗糖、磷酸二氢钾、硫酸镁，将称好的试剂逐一加入马铃薯汁中，在电磁炉上用文火煮，不断搅拌，直至完全溶解。

5. 定容

补水到 1 000 mL。

6. 分装三角瓶

用量筒量取 150 mL 配置好的培养基，倒入提前准备好的干净的三角瓶中，分装时，勿使培养基沾染在容器口上，以免沾染棉塞引起污染（如培养基不小心沾到瓶口，应用干净纱布擦拭干净）。三角瓶分装量据需要而定，一般以不超过三角瓶容积的 2/3 为宜。

7. 加棉塞

分装完毕后，在三角瓶口塞上棉塞，棉塞轻轻旋紧，以阻止外界微生物进入培养基而造成污染，并保证有良好的通气性能。

8. 包扎

棉塞头上包一层牛皮纸（报纸），用棉线扎紧，即可进行灭菌。

9. 灭菌效果检验

灭菌后的培养基放入 37 ℃养箱中培养 24 h，以检验灭菌的效果。

课堂任务

以小组为单位，每组配制培养基 1 000～2 000 mL，每位同学至少分装包扎 2 瓶摇瓶培养基，小组成员互相检查制作过程及结果是否规范，并填写互评打分表。

互评打分表

班级：　　　　　　　　　评分人：

姓名	①称量准确、无撒漏	②切马铃薯片薄厚均匀，厚度2～3 mm	③过滤操作规范	④溶解试剂并定容到1 000 mL	⑤装液量为摇瓶容积的1/2～2/3	⑥装液后摇瓶口无沾染	⑦加棉塞操作规范	⑧包扎操作规范	⑨放入灭菌锅121 ℃，30 min灭菌	⑩灭菌效果检验	总分

注：每一步操作完全正确2分，部分正确1分，错误0分。

课后任务

实训总结与分析

五、实训评价

教师评价	
	分数：_____

六、思考题

1. 摇瓶培养基与斜面固体培养基相比有什么不同，有什么优点和缺点？

2. 配制摇瓶液体培养基有哪几个步骤？在操作过程中应注意些什么问题？为什么？

子实训二　灵芝的摇瓶接种与培养

一、实训目的

【知识目标】1. 掌握灵芝菌种接种技术。

2. 掌握摇瓶培养的关键技术。

【能力目标】1. 能够熟练地进行无菌接种。

2. 会培养菌种、检查杂菌并分析染菌原因。

【素质目标】1. 培养学生严谨细致、认真负责的工作态度及自主学习、团结协作的能力。

2. 培养学生规范操作意识，综合分析问题的素质和能力。

【思政目标】培养学生精益求精、一丝不苟的工匠精神。

【实训重点】摇瓶培养基的接种。

【实训难点】摇瓶无菌接种操作。

二、实训原理

摇瓶菌种采用的是液体发酵技术制备的菌种，液体发酵技术是现代生物技术之一，起源于美国。它是指在生化反应器中，将食用菌在生育过程中所必需的糖类、含氮化合物、无机盐、一些微量元素以及其他营养物质溶解在水中作为培养基，灭菌后接入菌种，通入无菌空气并加以搅拌，提供食用菌菌体呼吸代谢所需要的氧气，并控制适宜的外界条件，进行菌丝大量培养繁殖的过程。与固体菌种相比，它具有菌种生产周期短、菌龄整齐一致、接种方便、发酵快、适宜于工厂化生产等优点，因而受到了广大栽培者的欢迎。

延伸阅读

摇瓶菌种的检验方法

对摇瓶菌种进行检验可采用感官检查和取样检验相结合的方法。

一、感官检查

可采用"看、旋、嗅"的步骤进行检查。

(一)看：将样品静置桌上观察

一看菌液颜色和透明度，正常发酵液呈黄色或黄褐色，清澈透明，菌丝颜色因菌种而异，老化后颜色变深；染杂菌的发酵液则混浊不透明。二看菌丝形态和大小，正常的菌丝大小一致，呈球状、片状、絮状或棒状，菌丝粗壮，线条分明；而染杂菌后，菌丝纤细，轮廓不清。三看上清液与沉淀的比例，菌丝体占比例越大越好，较好的液体菌种，在瓶中所占比例可达 80%。四看 pH，在培养液中加入甲基红或复合指标剂，经 3～5 d 颜色改变，说明培养液 pH 到达 4.0 左右，为发酵点；如果在 24 h 内即变色，说明因杂菌快速生长而使发酵液酸度剧变。五看有无酵母线，如果在培养液与空气交界处的瓶壁上有灰色条状附着物，说明为酵母菌污染所致，此称为酵母线。

(二)旋：手提样品瓶轻轻旋转一下，观其菌丝体的特点

发酵液的黏稠度高，说明菌种性能好；稀薄者表明菌球少，不宜使用。菌丝的悬浮力好，放置 5 min 不沉淀，表明菌种生长力强；反之，如果菌丝极易沉淀，说明菌丝已老化或死亡。再次观其菌丝状态，大小不一，毛刺明显，表明是供氧不足；如果菌球缩小且光滑，或菌丝纤细并有自溶现象，说明污染了杂菌。

(三)嗅：在旋转样品后，打开瓶盖嗅气味

培养好的优质液体菌种，均具有芳香气味；而染杂菌的培养液则散发出酸、甜、霉、臭等各种异味。

二、取样检验

可取液体菌种进行称重检查和黏度检查；生长力测定和出菇试验；化学检查，包括测 pH、糖含量和氧含量等；显微检查，包括细胞分裂状态观察、普通染色和特殊染色等。

三、实训材料

1. 菌种

灵芝试管斜面活化菌种。

2. 仪器及其他设备

超净工作台、酒精棉瓶、酒精喷壶、长柄镊子、接种工具（钩、铲等）、灭过菌的摇瓶液体培养基、酒精灯、打火机、废液盘、标签纸等。

四、实训内容

（一）紫外线杀菌

接种前，把待接种的摇瓶培养基（已灭菌）、接种工具、酒精棉瓶、镊子、酒精灯、打火机、废液盘、标签纸等用到的所有用具、物件均放入超净工作台内，打开紫外灯照射 30 min 以上，灭菌结束后，关闭紫外灯，打开照明灯，打开风机，开始准备接种。

（二）接种操作

1. 手及接种材料的消毒

接种材料即灵芝试管斜面活化菌种提前 24 h 从冰箱中取出。采用七步洗手法清洗双手，并用酒精对手进行消毒，然后戴上一次性无菌手套，取出灵芝试管斜面活化菌种，用酒精对其进行消毒，消好毒后迅速放入超净工作台内。

2. 接种材料的二次消毒

在超净工作台内用酒精棉对手进行二次消毒，并用酒精棉擦拭接种工具、工作台面。

3. 灼烧接种钩

点燃酒精灯，用酒精灯外焰灼烧接种钩，先将接种钩前端灼烧至微微发红，然后整个接种钩过火灼烧杀菌。烧好后放置在一旁冷却，备用。

4. 接种

先解开待接种的摇瓶培养基瓶口的棉绳，去掉牛皮纸（报纸），再拿起灵芝试管斜面活化菌种，在酒精灯火焰旁 5 cm 范围内拧开棉塞，用接种钩划去培养基尖端菌丝，然后将待接种区域划成小长条，取待接种的摇瓶培养基，放置在酒精灯火焰旁，打开棉塞，用接种钩在灵芝试管斜面活化菌种中挑取 4～5 块菌丝条，迅速接入摇瓶培养基中，注意菌丝条不要沾到摇瓶瓶口，然后将棉塞过火，迅速塞紧，继续接种第二瓶摇瓶培养基。（1 根试管斜面菌种可转种 4～5 瓶摇瓶培养基），接种结束后，棉塞及试管口过火，拧紧棉塞，接种钩在火焰上灼烧灭菌，放回原处，接种结束，燃灭酒精灯，并清理台面。

5. 贴标签

取标签纸，在标签纸上分两行写上品种名称、接种日期及接种者姓名，然后将标签纸粘贴在三角摇瓶中间偏上的位置。

（三）菌丝培养

接种后将摇瓶培养基放置在恒温震荡培养箱中，设置培养温度 28 ℃，转速 160 r/min，避光培养 5 d 左右即可得到摇瓶液体菌种。

培养结束的标准：培养液清澈透明，其中悬浮着大量小菌丝球，并伴有菇类特有的菌香味。培养好的液体菌种应及时转接种子罐，或放入培养箱中暂存。

课堂任务

1. 每位同学接种摇瓶培养基 4 瓶，并检查计算接种成功率。

$$接种成功率 = \frac{1 - 污染摇瓶数}{接种摇瓶总数} \times 100\%$$

姓名	接种摇瓶总数	污染摇瓶数	接种成功率

2. 如有感染，判断杂菌类型并分析染菌原因。

3. 小组成员互相检查实训操作是否规范，并填写互评打分表。

互评打分表

班级：　　　　　　　　　评分人：

姓名	①紫外线杀菌	②手、接种材料的二次消毒	③接种材料的二次消毒	④灼烧接种钩	⑤斜面活化菌种试管口在火焰上灼烧	⑥划去斜面活化菌种菌丝	⑦酒精灯火焰旁5 cm范围内完成接种操作	⑧接种完毕将试管口过火并塞紧及接种钩灭菌操作	⑨熄灭酒精灯并清理台面	⑩贴标签	总分

注：每一步操作完全正确 2 分，部分正确 1 分，错误 0 分。

 课后任务

实训总结与分析

五、实训评价

教师评价	
	分数：_____

六、思考题

1. 接种时为什么要舍弃培养基尖端菌丝？

2. 贴标签时为什么要将标签纸粘贴在三角摇瓶中间偏上的位置？

子实训三 灵芝种子罐培养基制备

一、实训目的

【知识目标】 1. 熟知种子罐的结构及工作原理。

2. 掌握灵芝种子罐培养基的配方。

3. 掌握种子罐培养基灭菌的方法。

【能力目标】 1. 能熟练认知发酵罐上的各个阀门。

2. 会按配方配制种子罐培养基。

3. 会进行种子罐的灭菌操作。

【素质目标】 1. 培养学生严谨细致、认真负责的工作态度以及自主学习、思考的能力。

2. 培养学生热爱劳动的生活态度。

3. 增强学生安全生产意识。

4. 提升规范操作、综合分析问题的素质和能力。

【思政目标】 培养学生探索未知、追求真理、勇攀科学高峰的责任感和使命感。

【实训重点】 种子罐培养基的配制及灭菌。

【实训难点】 种子罐上各阀门的熟练认知。

二、实训原理

微生物发酵培养中的种子是指将保存在砂土管、冷冻干燥管中处于休眠状态的生产菌种接入试管斜面活化后，再经过摇瓶及种子罐逐级放大培养而获得一定数量和质量的纯种过程。这些纯种培养物称为种子。

菌种扩大培养的目的就是要为每次发酵罐的投料提供相当数量的代谢旺盛的种子。发酵时间的长短与接种量的大小有直接关系，因此在种子扩大培养中必须获得纯而壮的种子，而且还要制备获得活力旺盛的接种量足够的培养基。

由于微生物种类不同，它们所需的培养基也有所不同。即使对同一菌种，由于使用目的不同，对培养基的要求也不完全相同。培养基按其组成物质的来源、用途、状态可分为很多种类型。本次实训要配制的种子罐培养基需要供孢子发芽、生长和大量繁殖菌丝体，并使菌体长的粗壮，成为活力强的种子。因此，在配制时需要：氮源、维生素丰富；碳源少量；种子培养基成分应与发酵培养基的主要成分相近，以缩短发酵阶段的适应期（延滞期）。

三、实训材料

1. 培养基配方

小麦粉 2.5 kg，黄豆粉 2.5 kg，红糖 4.5 kg，泡敌（发酵专用消泡剂）100～120 mL，接种量 2 L。

2. 仪器及其他设备

种子罐（300 L），蒸汽炉，搅拌器，塑料盆、台秤、防烫手套（部分设备如图 3-1 至图 3-3 所示）。

图 3-1 种子罐主体

图 3-2 蒸汽炉

图 3-3 搅拌器

四、实训内容

（一）识别种子罐结构

识别种子罐结构任务卡

姓名：　　　　　　　　　班级：

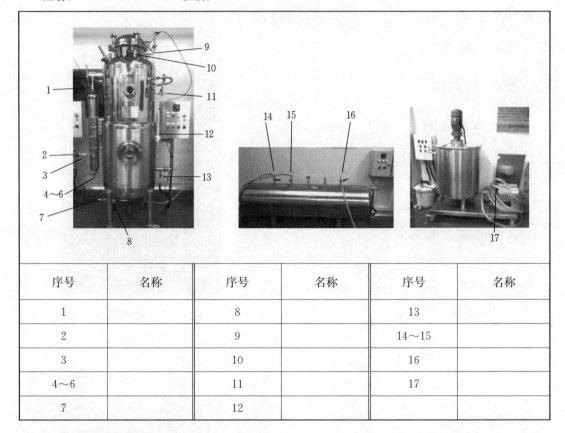

序号	名称	序号	名称	序号	名称
1		8		13	
2		9		14~15	
3		10		16	
4~6		11		17	
7		12			

（二）种子罐培养基配制

1. 蒸汽炉加热

课前提前打开蒸汽炉加热开关，加热，打开 16 号排气阀，排除蒸汽炉内冷空气。

2. 检查种子罐

检查种子罐各个阀门是否正常，有无漏气（打开气泵）。

3. 罐体预热

关闭 1~10 号阀门，打开 11、13 号阀门，通自来水，自来水下进上出即从 13 号阀门进从 11 号阀门出，然后关闭 11、13 号阀门。在控制面板 12 上启动加热开关，用蛇管给罐体预热。

4. 加水

打开 10 号进料口，罐内加水约 200 L。

5. 配料

按培养基配方称取种子罐培养基各营养成分。

6. 加料

当罐内水温上升到 40 ℃左右时，关闭 7 号阀门，打开 8 号阀门（在 8 号阀门上连接一段水管），将罐内温水引流到搅拌器内，化料（红糖要在盆内用温水熔化后再倒入搅拌器内），化好料后，关闭 8 号阀门，用搅拌器将料从 10 号进料口泵入，加入消泡剂，关闭 10 号阀门，给种子罐补水到接近 300 L（280～290 L，防止通高压蒸汽灭菌时，蒸汽温度过高而培养基温度较低，接触后产生大量冷凝水，使培养基液面升高）。

7. 排空气

当蒸汽炉内冷空气排放干净以后，关闭排气阀，升压，当压力表指针达到 0.2 MPa 左右时，打开 14、15 号阀门，排除软管内冷空气及冷凝水，关闭 14、15 号阀门。

8. 罐内通蒸汽

当罐内温度预热到 80 ℃左右时，戴上防烫手套，用软管连接 3 和 14 号阀门、7 和 15 号阀门，打开 14、15 号阀门，再打开 5、7 号阀门（5 号全开，4 号半开），给罐内通蒸汽，4～6 号阀门微开，排除滤芯内冷凝水，最后打开 1、9 号阀门。

9. 升温

打开 7 号阀门（半开），给料通蒸汽升温，当排气口 12 气流较大，温度在 90 ℃左右时，微开 8 号阀门，关小 9 号阀门，排冷气，顺便升温。

10. 灭菌

当显示器上的温度达到灭菌温度时，注意调节 3、7、9 号阀门，控制温度、压力维持在 123 ℃，0.15 MPa 条件下，计时器开始自动计时，灭菌 50 min，听到报警后，灭菌结束，依次关闭 1、7、15、14 号阀门，断掉蒸汽炉电源，保持 16 号阀门微开，然后缓缓开大 4～6 号阀门，排出热蒸汽，然后打开气泵开关，再打开 2 号阀门通气，吹干滤芯（10 min 左右）。

11. 降温

稍微开大 9 号排气阀，当压力降到 0.1 MPa 左右时，接水管，从 13 号进水，11 号出水，给罐降温，当压力降到 0.05 MPa 左右时，关小 4～6 号阀门，稍微停顿几秒钟，开 1 号阀门，给罐内通气增压。

12. 灭菌结束

当罐内料温冷却到 30 ℃左右时，关小 9 号阀门，调节压力到 0.05 MPa，关闭进水开关，关闭 13、11 号阀门，撤掉水管；灭菌结束，保压待接种。

课堂任务

1. 以小组为单位，每小组配制种子罐培养基一罐，并填写灵芝种子罐培养基制备任务卡。

灵芝种子罐培养基制备任务卡

组别：　　　　　　班级：

步　骤	方　法	注意事项
第一步		
第二步		
第三步		
第四步		
第五步		
第六步		
第七步		
第八步		
第九步		
第十步		
第十一步		
第十二步		

2. 小组之间互相检查实训操作是否规范，并填写互评打分表。

互评打分表

班级：　　　　　　　评分人：

组别	① 配料准确无误	② 化料时操作规范,无撒漏	③ 灭菌前检查发酵罐各个阀门是否正常,有无漏气	④ 灭菌第一步:先打开蛇管给发酵罐预热	⑤ 灭菌第二步:培养基温度预热到80℃左右关闭蛇管,给培养料直接通蒸汽	⑥ 通蒸汽时相关阀门的打开顺序从外向内	⑦ 灭菌第三步:灭菌过程中随时观察压力表,通排气阀调节罐压	⑧ 灭菌结束时关闭各阀门,关闭顺序从内到外	⑨ 冷却水管的连接顺序为下进上出	⑩ 最后调节罐压至0.05 MPa	总分

注：每一步操作完全正确2分，部分正确1分，错误0分。

课后任务

实训总结与分析

五、实训评价

教师评价	
	分数：_____

六、思考题

1. 种子罐灭菌时，为什么要先将罐体预热到 80 ℃左右，再直接向罐内通高温蒸汽灭菌？

2. 加泡敌的作用是什么？

3. 在种子罐上，为什么开阀门的顺序是"由远至近"，而关阀门的顺序是"由近至远"？

子实训四　灵芝种子罐接种

一、实训目的

【知识目标】1. 掌握 GMP 发酵车间的无菌控制。

　　　　　　2. 掌握灵芝摇瓶菌种转接种子罐的接种方法及原理。

【能力目标】1. 能规范进行灵芝种子罐的接种。

　　　　　　2. 能熟练控制发酵罐上的各个阀门。

【素质目标】1. 提高学生严谨细致、认真负责、自主学习、团结协作的精神。

　　　　　　2. 增强学生安全生产意识。

　　　　　　3. 提升学生规范操作、综合分析问题的素质和能力。

【思政目标】通过引入企业标准，培养学生精益求精的大国工匠精神，激发学生科技报国的家国情怀和使命担当。

【实训重点】灵芝摇瓶菌种转接种子罐的接种方法。
【实训难点】种子罐上接种阀和排气阀的熟练控制。

二、实训原理

种子罐是广泛用于微生物生长的一种反应设备。在种子罐中各种微生物在适当的环境中生长、新陈代谢和形成发酵产物。目前已广泛地用于制药、味精、酶制剂、食品等行业。

种子罐接种即将经摇瓶液体培养的活力旺盛、数量充足的菌丝体转接到种子罐中，接种操作必须在无菌条件下完成。

三、实训材料

1. 菌种

灵芝摇瓶菌种数瓶（用量为发酵罐容积的 1%）。

2. 仪器及其他设备

灭过菌的种子罐培养基（300 L）一罐、酒精棉条、打火机、酒精喷壶、防火手套、湿毛巾等。

四、实训内容

1. 准备工作

将准备好的酒精棉条盘在种子罐接种口上，打火机、防火手套、湿毛巾、摇瓶液体菌种放置在接种梯上。

2. 开始接种

（1）关闭接种室自净风。

（2）打开种子罐排气阀，使罐压降低到 0.01 Mpa 以下（图 3 - 4），并用酒精喷壶对摇瓶液体菌种进行喷施消毒，并解开瓶口棉绳。

（3）戴上防火手套。

（4）点燃接种口的酒精棉条。

（5）快速打开接种口阀门。

（6）在接种口的酒精火焰旁取下摇瓶口的棉塞，将瓶口在火焰上旋转灼烧，进行消毒，然后快速将摇瓶菌种倒入接种口内（菌种应悬空倒入，不能撒在接种口边缘）。

（7）将接种口阀门在火焰上旋转消毒，然后关闭接种口阀门。

（8）取掉酒精棉条并用湿毛巾快速熄灭酒精棉条火焰。

3. 接种完成

接完种后微开排气阀，调节罐内压力到 0.03～0.05 MPa，进入菌丝体发酵培养阶段。

图 3 - 4　压力表　　　图 3 - 5　接种阀　　　图 3 - 6　排气阀

课堂任务

1. 每位同学往种子罐中接种摇瓶液体菌种 1 瓶，并填写灵芝种子罐接种任务卡。

灵芝种子罐接种任务卡

姓名：　　　　　　班级：

顺　　序	操作过程	注意事项
准备工作		
第一步		
第二步		
第三步		
第四步		
第五步		
第六步		
第七步		
第八步		
接种完成		

2. 小组成员之间互相检查实训操作是否规范，并填写互评打分表。

互评打分表

班级：　　　　　　评分人：

姓名	①接种材料完全备齐	②关闭接种室自净风	③打开种子罐排气阀，使罐压降低到0.01Mpa以下	④戴上防火手套，快速点燃接种口的酒精棉条	⑤快速打开接种口阀门	⑥摇瓶在火焰旁去棉塞，灼烧瓶口	⑦摇瓶菌种倒入无撒漏且操作速度快	⑧接完种后灼烧接种口阀门盖再关闭接种阀	⑨取掉酒精棉条并熄灭火焰	⑩接完种后，微开排气阀，调节罐内压力到0.03～0.05 MPa	总分

注：每一步操作完全正确 2 分，部分正确 1 分，错误 0 分。

 **课后任务**

实训总结与分析

五、实训评价

教师评价	
	分数: _____

六、思考题

1. 接种前为什么要将罐压降低到 0.01 MPa 以下？

2. 接种时，菌种撒在接种口边缘会引起什么后果，如果不小心撒漏，应该如何补救？

3. 接完种后微开排气阀，调节罐内压力到 0.03～0.05 MPa 的目的是什么？

子实训五 种子罐发酵培养与罐体维护

一、实训目的

【知识目标】 1. 掌握种子罐发酵培养中取样的操作方法。

2. 掌握种子罐培养过程中各参数的控制方法及原理。

3. 掌握种子罐培养过程中杂菌的检测方法。

4. 掌握罐体维护与保养方法

【能力目标】 1. 能进行种子罐发酵培养。

2. 能进行罐体维护。

【素质目标】 1. 培养学生严谨细致、认真负责的工作态度以及自主学习、思考的能力。

2. 培养学生热爱劳动的生活态度。

3. 增强学生安全生产意识。

4. 提升规范操作综合分析问题的素质和能力。

【思政目标】 培养学生一丝不苟的科学研究精神和精益求精的工匠精神。

【实训重点】 种子罐的取样与检测。

【实训难点】 罐体维护与保养。

二、实训原理

种子罐培养过程中要定期取样,检测罐内菌丝生长状况及染菌情况。取样时,通过取样口取样。取样前,取样管路阀门需用蒸汽灭菌,防止杂菌污染而引起误导,取样结束后同样要用蒸汽冲洗取样管道及阀门。还要随时监测罐内各参数指标,随时调整培养条件,使发酵培养控制在最适宜的环境条件中。发酵结束后要放罐,放罐即将培养料全部排出,并清洗发酵罐,如继续培养相同菌种可继续循环使用。设备使用后,必须及时清洗,对罐体进行消毒,并进行维护与保养。如果发酵罐暂时不用,则对发酵罐进行空消,并排空罐内、夹套及管道内的水。

发酵罐系统的维护、清洗和保养

为了保证发酵罐正常运行，用户除了必须熟悉设备的工作原理与各部件的结构、性能、作用外，还应该重视和加强设备的维护与保养，只有做到设备精心维护才能保证设备处于最好状态，延长设备使用年限。

一、发酵罐系统的日常检查维护和定期检查维护

发酵罐系统的维护与保养可分为日常和定期两种方式，二者缺一不可。

（一）日常检查维护

检查系统压力、罐内压力是否稳定在规定范围。检查搅拌系统、控温系统、电磁阀响声是否正常。检查培养液颜色是否正常。检查温度、溶氧、pH 显示参数是否与设定符合。检查罐内液位是否正常。检查阀门管接头、各接口是否正常，有无泄漏情况。

（二）定期检查维护

每隔 3 个月，需对设备进行全面检查维护。切断所有电源、水源、气（汽）源。

仔细检查系统所有密封圈、密封端的情况是否正常，如有永久变形、老化、划伤、损坏，必须更换。检查除菌过滤器完好情况，有破损、堵塞现象就要更换。检查电机碳刷磨损情况与整流子、轴承、联接器、搅拌系统情况。检查电器控制器所有开关、按钮、电器、电子元件、固定螺丝、螺帽是否有松动、发热现象。

二、发酵罐罐体的清洗维护和保养

（一）清洗

发酵罐罐体是直接与物料接触的场所。其表面光洁的程度以及内部构件的清洁度是染菌的关键因素。因此，在每次发酵结束后和再次使用前都必须及时清洗罐体及相关设备，清洗时应注意电器元件、电极接口，不能进水、受潮。

清洗前应取出 pH 电极、DO 电极按其要求保养。

清洗罐内可配合进水进气、电机搅拌、加温一起进行，如多次换水还

不能清洗洁净，则要打开顶盖用软毛刷刷洗罐内部件。

注意：罐盖搬动清洗时只能抓住轴套或顶盖，不能抓搅拌轴、叶轮和其他易变形部件。在清洗同时，应对一些O形密封圈进行检查，如发现永久变形、老化、划伤等现象需及时更换。清洗完毕重新安装后，应对其外表及罐架等用抹布擦干。拧紧罐盖6个紧固螺丝，用力要平衡并注意罐与罐座间隙均衡。对于玻璃发酵罐的清洗应特别要小心，拆装时不要碰撞；拧紧罐盖紧固螺丝时，用力一定要平衡，并注意间隙均衡，已免损坏玻璃罐体。

（二）发酵罐待用

如果短期内需再次培养发酵，应对其进行灭菌。然后通入无菌空气，保压待用。

如准备长期停用，则应对其进行灭菌，然后放去水箱与罐内存水，放松罐盖紧固螺丝，取出电极保养储存好，将罐、各管道余水放净，关闭所有阀门、电源，盖上防尘罩。

注意：灭菌前应检查、调整蒸汽发生器的输出压力，保证该压力≤0.35 MPa。灭菌过程中应检查罐内气压，保证该压力<0.15 MPa。

发酵前应检查、调整空压机的输出压力，保证该压力≤0.4 MPa，调整减压阀输出压力≤0.25 MPa。发酵过程中应检查罐内气压，保证该压力≤0.10 MPa。DO电极、pH电极的使用保养必须按要求进行，否则极易损坏。所有电器装置严禁进水、受潮、污染。

（三）搅拌系统的维护

搅拌系统包括搅拌轴、搅拌浆、机械密封、轴承、连轴器和电机等。

经常检查搅拌轴的运转、电机的发热情况以及异常噪声，经常检查有关螺栓是否有松动。

每年检查机械密封的磨损情况，以保证机械密封的正常运转，避免不必要的染菌可能。

如果采用双端面机械密封时，要经常注意无菌水液面的变化，如果发生液面下降，说明密封不严，应在发酵结束后立即处理。

每年检查油封和电机的碳刷磨损情况，以及油封和轴承的磨损情况。

（四）灭菌空气系统的维护和保养

灭菌空气系统包括空气压缩机、粗过滤器、精过滤器、隔膜阀和空气分布器等。

在日常维护中，需注意空气压缩机的运转情况，在发酵过程中应每天打开贮气罐放水阀排水 2 次。过滤器维护和保养灭菌温度宜控制在 125 ℃以下，因为过滤器材质在太高温度下，其黏结剂会产生脱落而使过滤器失效。

每次发酵结束，需对空气分布器进行清洗。如果发酵液的性质与水相似，可在罐内加水，然后通压缩空气进行清洗。如果发酵液较黏稠，或含有细小颗粒，则最好把空气分布器拆下，然后把堵头拧下，用水冲洗。同时保证小孔通气畅通。

（五）蒸汽系统的维护和保养

蒸汽系统包括蒸汽过滤器、蒸汽管路阀门等。在使用过程中要经常注意保证蒸汽压力的恒定。

蒸汽过滤器的滤芯同样在使用一段时间后会堵塞，需更换滤芯。在操作过程中，应注意打开蒸汽阀门时，不要一下就立即全开，这样会冲击蒸汽过滤器滤芯，严重时会把滤芯冲断或泄漏而使其失效。

（六）溶氧电极的维护

如果长期不用，需将电极从罐上取下，放入电极盒中即可。如果敏感膜脏了，需用干净的水冲洗干净，如果冲洗不掉，也不要用任何坚硬物体刮擦，以免刮伤敏感膜。请勿用水等液体浸泡或蒸汽等潮湿空气侵蚀电缆线接头和电极接头。

三、注意事项

（1）在发酵过程中，严禁将过滤器的排水阀突然打开而引起发酵液倒流，不要让罐内压力大于管道压力。

（2）当突然停电时，应迅速关闭发酵罐的空气系统，保证罐压和空气系统不造成负压，过滤器上的压力表和发酵罐的压力表不能掉零。

（3）除菌过滤器蒸汽灭菌时压力不得超过 0.15 MPa。

（4）空消实消时，夹套内的排污阀门要打开，实消冷却时，罐压不能掉零。

（5）实消结束后，夹套应先打开排水阀，然后再打开进水阀门，防止有的地方水压高，造成设备损坏或压力表失灵。

（6）开蒸汽时应先开进气阀再开出气阀（注视着分汽缸上方的压力表读数）。

（7）输送热水时，热水泵上方的阀门应置半开状态。

（8）Y形过滤器应定期检查，通气量减小或发酵时流量计上不去就应及时检修。

（9）种子罐的电机一开，冷却水必须预先打开。所有的电机不能空转。

（10）隔膜阀外漏时，应将其拆卸下来清洗干净再装好。

（11）球阀与隔膜阀顺时针方向关闭，逆时针方向打开；双通阀（"一"字阀）横着管路为关闭，顺着管路为打开。

（12）补料时应注意各补料瓶硅胶管和相应的蠕动泵的连接是否正确、稳固。

三、实训材料

三角烧瓶、镊子、酒精棉花、打火机、湿毛巾、塑封胶带、扳手等。

四、实训内容

（一）取样

将酒精棉花围在取样口周围点燃，先将取样管内的液体排光后，再将准备好的取样瓶在火焰边打开，快速取样并盖好，关闭取样口阀门，用酒精棉花火焰灭菌取样口 5 min，取掉酒精棉花，并熄灭火焰。

取出来的样品可参照摇瓶液体菌种的检验方法进行活力检测及杂菌检测。取样完成后，还要用 pH 仪检测发酵液的 pH，然后校正 pH。

（二）参数控制

1. 温度

种子移入种子罐后需要控温培养调节蛇管内循环水的温度进而控制发酵温

度，当环境温度高于发酵温度时，用冷凝水给发酵液降温。当环境温度低于发酵温度时，用加热棒加热蛇管内的水给发酵液升温。

2. pH

灭菌前应对 pH 电极校正，培养过程中 pH 的控制使用蠕动泵的加酸加碱来实现的。

3. 泡沫

泡沫报警由泡沫探头检测泡沫信号在触摸屏以指示灯形式显示。

4. 溶氧（DO）的测量与控制

溶氧电极的标定：接种前在恒定的发酵温度下，将转速及空气量开到最大值时的溶氧 DO 值作为 100%。

DO 值的控制采用调节空气流量和调节转速来达到，必须同时控制进气量。

（三）放罐

（1）放罐是利用罐压将发酵液从出料管道排出，根据发酵液的浓度，罐压可控制在 0.05～0.10 Mpa。

（2）放罐后取出溶氧电极、pH 电极清洗保养。pH 电极存放在饱和的氯化钾溶液中，溶氧电极放于保护套中。

（3）放罐结束后，应立即放水清洗发酵罐及料路管道阀门，并开动空压机，向发酵罐供气并搅拌，将管路中的发酵液冲洗干净。

（4）如果发酵罐暂时不用，则对发酵罐进行空消，并排空罐内、夹套及管道内的水。

（四）维修与保养

（1）安置设备的环境应整洁、干燥、通风良好。

（2）设备启用之后，必须及时清洗，防止发酵液干结在发酵罐及管路、阀门内。

（3）应按规定要求保养存放压力表、安全阀、温度仪，并每年校准一次。

（4）设备停止使用时应清洗、吹干。过滤器的滤芯应取出清洗、凉干、妥善保管，法兰压紧螺母应松开，防止密封圈永久变形。

（5）空压机周围的环境应保持清洁，机体表面干净。

（6）空气储存罐定期打开罐底的排污阀，排掉罐内的冷凝水（30 d 左右处理一次，具体情况应更具当地的空气湿度而定）。

（7）冷干机应定时按下开关键排放里面的冷凝水。

（五）常见故障及排除方法

常见故障及排除方法见表 3-1。

表 3-1 常见故障及排除方法

故　　障	原因分析	排除方法
关闭阀门，罐压不能保持	1. 罐盖法兰的紧固螺钉没有拧紧或螺钉的松紧度不一样 2. 密封圈损坏或接口处有缝隙 3. 管道接头或阀门漏气 4. 机械密封磨损	1. 拧紧螺钉，保持松紧度一致 2. 检查密封圈或更换 3. 拧紧螺母或更换 4. 更换密封装置
蒸汽灭菌时，升温太慢	蒸汽压力低，供气量不足	1. 检查电加热管是否烧坏 2. 检查分汽缸上方的压力表值是否正常
发酵液从空气管路中倒流	误操作所致	注意操作
温控失灵	1. 传感器或引线损坏 2. 仪表损坏	1. 检查传感器 2. 检查仪表或更换
溶解氧太低	1. 供气量不足 2. 过滤器堵塞 3. 管道阀门漏气	1. 开大阀门或提高供气压力 2. 检查过滤器，更换滤芯 3. 检查管道阀门
pH 显示失灵	1. H 电极损坏 2. H 电极堵塞	1. 检查 pH 电极或更换 2. 洗电极
溶解氧显示失灵	溶解氧电极膜损坏	更换电极膜

课堂任务

1. 每位同学从种子罐中取样，并检测样品菌种的活力和染菌情况。同时，进行样品 pH 检测，并校正种子罐 pH。

2. 小组成员之间互相检查实训操作是否规范，并填写互评打分表。

互评打分表

班级：　　　　　　　　　评分人：

姓名	①取样口周围点燃酒精棉花操作规范	②取样管内液体排尽	③取样瓶正确打开并快速取样	④取样后灭菌时间正确，及时熄灭火焰	⑤样品活力检测	⑥样品杂菌检测	⑦样品 pH 检测，并校正种子罐中 pH	⑧种子罐参数控制得当	⑨懂得种子罐维修与保养	⑩了解常见故障及排除方法	总分

注：每一步操作完全正确 2 分，部分正确 1 分，错误 0 分。

 课后任务

实训总结与分析

五、实训评价

教师评价	
	分数：_____

六、思考题

1. 发酵染菌的原因有哪些方面？

2. 发酵中的杂菌的主要是哪一类微生物？

3. 什么是种子带菌，种子带菌的原因有哪些？

参　考　文　献

巩健，2015. 发酵制药技术 ［M］. 北京：化学工业出版社.

王琪，张小华，2021. 微生物学 ［M］. 北京：中国农业出版社.

赵金海，2021. 微生物学基础 ［M］. 北京：中国轻工业出版社.

图书在版编目（CIP）数据

微生物发酵技术实训手册 / 谭珍珍主编 . —北京：
中国农业出版社，2022.10
　　ISBN 978 - 7 - 109 - 30175 - 7

　　Ⅰ.①微…　Ⅱ.①谭…　Ⅲ.①微生物－发酵－手册
Ⅳ.①TQ92 - 62

中国版本图书馆 CIP 数据核字（2022）第 194417 号

中国农业出版社出版
地址：北京市朝阳区麦子店街 18 号楼
邮编：100125
责任编辑：张孟骅
版式设计：文翰苑　　责任校对：吴丽婷
印刷：北京印刷一厂
版次：2022 年 10 月第 1 版
印次：2022 年 10 月北京第 1 次印刷
发行：新华书店北京发行所
开本：787mm×1092mm　1/16
印张：4.5
字数：80 千字
定价：19.00 元
